Blitzrezepte für Hundesnacks

Lea Moss

Kekse, Leckerlis & mehr

Ulmer

Inhalt

Lecker **snacken!**

Viele Hundebesitzer kochen regelmäßig für ihre Vierbeiner. Warum also nicht auch die kleinen oder größeren Snacks selber zubereiten, aus frischen Zutaten und ganz ohne künstliche Zusatzstoffe? Egal, ob knackige Belohnungshappen für unterwegs, köstliche Leckereien für zu Hause oder etwas Spezielles für besondere Anlässe – in diesem Buch finden Sie für Alltag, Feierabend oder Hundeparty genau den richtigen Snack mit ausführlichem Rezept.

Und: Es ist für jeden Geschmack etwas dabei. Sowohl der vierbeinige Nimmersatt als auch der eher heikle Feinschmecker kommt auf seine Kosten, denn: Alle Rezepte sind selbst ausprobiert, von unterschiedlichsten Testfressern verköstigt und für gut befunden. Dabei wurden sowohl verschiedene Geschmacksrichtungen als auch Vorlieben für allerlei Konsistenzen berücksichtigt. Der eine Hund hat lieber etwas Knackiges zwischen den Zähnen, der andere liebt fluffig weiche Köstlichkeiten. Probieren Sie sich einfach durch die Rezepte und finden Sie heraus, welches den Geschmack Ihres Hundes am besten trifft.

Die Zutaten bekommen Sie in jedem gut sortierten Supermarkt, manche speziellen Zutaten auch im Bioladen oder Reformhaus. Achten Sie beim Einkauf der Zutaten bitte darauf, dass sie aus tiergerechter Haltung stammen. Bei den meisten Snacks können Sie noch zusätzlich verschiedene Varianten ausprobieren, die Vorschläge sind bei den jeweiligen Rezepten genannt.

Selbst gebackene Snacks sind nicht so lange haltbar wie gekaufte – es fehlen künstliche Konservierungsstoffe. Gewusst wie, können die Snacks aber trotzdem einige Zeit aufbewahrt werden. Lesen Sie mehr dazu auf Seite 42 f.

Viel Spaß und guten Appetit!

Snacks to go

Geflügelcracker

Zutaten

100 *g Mehl*

20 *g zarte Haferflocken*

2 *TL geriebener Käse (z. B. Parmesan)*

1 *Eigelb*

10 *g Schweineschmalz*

100 *g püriertes Geflügelfleisch (z. B. Babykostgläschen)*

So geht's

1. Alle Zutaten kräftig zu einem geschmeidigen Teig verkneten.
2. In Klarsichtfolie eingewickelt mindestens 1 Stunde im Kühlschrank ruhen lassen.
3. Den Teig mit dem Nudelholz auf einer leicht bemehlten Fläche relativ dünn ausrollen und runde Formen ausstechen. Mit einer Gabel kreuzweise Löcher einstechen.
4. Im vorgeheizten Backofen bei 180 °C (Umluft) ca. 15 min backen, dann den Ofen ausschalten und bei leicht geöffneter Ofentür austrocknen lassen.

Ergibt ca. 50 Stück mittlerer Größe.

Mit der Gabel Löcher reingepiekst – schon bleiben die Cracker schön flach.

Alternative

- *Für den Teig können Sie Dinkelmehl, Weizenmehl oder jede andere Mehlsorte verwenden. Allerdings ist für keksartiges Gebäck ein gewisser Anteil an Gluten nötig, damit das Gebäck nicht auseinanderbröselt. Dies ist im Getreidemehl enthalten.*
- *Verwenden Sie statt Parmesan eine andere Käsesorte – je härter der Käse ist, desto besser lässt er sich reiben. Oder Sie kaufen bereits geriebenen Käse.*
- *Das pürierte Fleisch aus dem Gläschen können Sie natürlich auch durch selbst püriertes Fleisch ersetzen. Wenn es allerdings schnell gehen soll und Sie ungern mit rohem Fleisch hantieren, sind Gläschen grundsätzlich eine gute Alternative.*

Plätzchen **mit Herz**

Zutaten

120	g Butter
2	Eier
100	g Dinkelflocken
150	g Buchweizenmehl
ca. 80	g klein gehacktes Rinderherz

Das Belegen ist ganz schön knifflig, aber mit Geduld klappt's auch bei kleinen Plätzchen.

So geht's

1. Aus Butter, Ei, Dinkelflocken und Mehl einen Teig kneten und ca. 30 min in den Kühlschrank legen (vorher in Frischhaltefolie einwickeln).
2. Den Teig dann auf einer bemehlten Fläche ausrollen und mit Ausstecherformen Plätzchen ausstechen.
3. Das klein gehackte Rinderherz auf den Plätzchen verteilen.
4. Zum Schluss die Plätzchen mit gequirltem Ei bestreichen.
5. Im vorgeheizten Backofen bei 160 °C (Umluft) ca. 15–20 min backen (wer sie etwas weicher bevorzugt, holt sie früher heraus, für eine knackigere Variante bleiben sie etwas länger drin).

Ergibt ca. 20 große oder 40 kleine Plätzchen.

Alternative

- *Sie können die Butter durch Schweineschmalz ersetzen, das gibt dem Gebäck eine etwas geschmeidigere Textur. Während für Menschen der Gedanke an Gebäck mit Schweineschmalz eher weniger verlockend ist, lieben Hunde den Geruch und Geschmack von Schmalz.*
- *Haben Sie aus dem Rezept Deftige Doppeldecker, Seite 14, noch Rinderzungenstückchen eingefroren, können Sie statt dem Rinderherz diese verwenden. Das gilt übrigens auch für den dort erwähnten gekochten Schicken.*
- *Statt die Plätzchen mit den klein gehackten Rinderherzen zu belegen, kneten Sie das Fleisch gleich direkt in den Teig mit ein.*

Kernige **Doggy-Squares**

Zutaten

300 *g Rinderherz*

200 *g Leber*

300 *g Dinkelmehl*

50 *g Buchweizenflocken oder kernige Haferflocken*

1 *Ei*

3 *EL Rapsöl*

etwas *Milch oder Brühe*

Fein püriert
Schneiden Sie Herz und Leber vor dem Pürieren in kleine Stücke und entfernen Sie bindegewebige Strukturen.

Sind die Squares etwas kürzer im Ofen, können sie auch Hundesenioren noch gut beißen.

So geht's

1. Leber und Herz pürieren und mit den restlichen Zutaten (außer Milch oder Brühe) zu einem Teig verrühren.
2. Je nach Konsistenz etwas Milch oder Brühe zugeben, damit die Masse sich gut verteilen lässt.
3. Die Masse auf einem mit Backpapier ausgelegten Backblech verteilen.
4. Bei ca. 180 °C (Umluft) im vorgeheizten Backofen backen.
5. Etwa nach 10–15 min mit dem Messer oder Pizzaroller Gitterlinien in den Teig einschneiden, damit später die Stücke leichter zu brechen sind. Für deren Größe gilt: Je größer der Hund, desto größer dürfen die Stücke sein.
6. Nach ca. 20 min den Ofen abschalten und die Squares noch etwas nachtrocknen lassen.
7. Sobald sie abgekühlt sind, entlang der vorgeschnittenen Linien in Stücke brechen.

Alternative

- *Ersetzen Sie das Dinkelmehl durch eine andere Mehlsorte.*
- *Als Brühe können Sie selbst gemachte Markknochenbrühe (siehe Seite 43) verwenden.*

Deftige **Doppeldecker**

Zutaten

Für den Teig

230 *g Mehl*

20 *g Flocken (etwa Hirse-, Buchweizen- oder zarte Haferflocken)*

125 *g Butter*

1 *Ei*

Für den Belag

ca. **100** *g Rinderzunge am Stück*

Zum Bestreichen

1 *Eiweiß*

Bei den Doppeldeckern spart Arbeitsteilung Zeit und gemeinsam macht's mehr Spaß!

So geht's

1. Die Zutaten für den Teig gründlich mischen und so lange kneten, bis ein gleichmäßiger und geschmeidiger Teig entsteht.
2. In Klarsichtfolie eingewickelt ca. 1 Stunde im Kühlschrank ruhen lassen.
3. Den Teig dünn ausrollen.
4. Von der Zunge schmale Scheiben abschneiden. Mit dem gleichen Ausstecher (z. B. in Herzform) nun Teig und Zunge in jeweils gleicher Anzahl ausstechen.
5. Die Teigteile mit etwas flüssigem Eiweiß bestreichen und die passenden Zungestücke darauflegen.
6. Die übrigen Zungenscheiben lassen sich klein gewürfelt gut einfrieren und so für weitere Snacks verwenden (z. B. für die Plätzchen mit Herz auf Seite 10).
7. Die Doppeldecker aufs Backblech setzen und im vorgeheizten Backofen (180 °C Umluft) ca. 25 min backen.

Ergibt ca. 40 Stück mittlerer Größe.

Alternative

- *Statt der Rinderzunge können Sie auch gekochten Schicken verwenden. Kaufen Sie diesen am besten in dicken Scheiben ein, dann klappt das Ausstechen leichter.*

Geschenkidee
Diese Doppeldecker sehen sehr hübsch aus und eignen sich prima als Mitbringsel!

Möhrenknacker

Zutaten

	2	*geriebene Karotten*
	1	*Ei*
	1	*Handvoll Haferflocken*
ca.	**50**	*ml Fleischbrühe*
	3	*EL Rapsöl*
ca.	**300**	*g Mehl (so viel, bis ein fester Teig entsteht)*

So geht's

1. Aus allen Zutaten einen festen Teig kneten (je nach Bedarf etwas mehr oder weniger Mehl und Brühe) und auf dem Backblech ausrollen. Benutzen Sie am besten ein kleineres Nudelholz (für Kinder), damit die Griffe nicht am Rand des Backbleches anstoßen.

2. Bei 200 °C (Umluft, vorgeheizt) 20 min backen.

3. Direkt nach dem Backen mit Pizzarad oder Messer in Streifen bzw. Rechtecke schneiden.

Alternative

- *Reichern Sie den Teig mit Apfelstückchen und/oder Käse an.*
- *Ersetzen Sie die Karotten durch geriebenen Knollensellerie.*
- *Als Brühe können Sie selbst gemachte Markknochenbrühe (siehe Seite 43) verwenden.*

Etwas weicher werden die Möhrenknacker, wenn Sie sie dicker ausrollen und ein wenig kürzer backen.

Für Gemüsefreaks
Diese (fast) fleischlosen Kekse eignen sich besonders gut für Hunde, die gerne Möhren oder sonstiges Gemüse fressen.

Leberwurst-Knochen

Zutaten

165	*g Mehl*
1	*Ei*
60	*g Hausmacher Leberwurst*
60	*ml Milch oder Fleischbrühe*
60	*g grobe Haferflocken*
25	*g feine Haferflocken*
2	*g Backpulver*
35	*g Schmalz*
1	*Schuss Rapsöl*

Durch Erhitzen wird Leberwurst flüssig. Damit nichts anbrennt, gut rühren!

So geht's

1. Die Leberwurst in einem kleinen Topf bei mittlerer Temperatur erwärmen.
2. Alle Zutaten gut vermischen und den Teig kräftig durchkneten.
3. Den Teig in Frischhaltefolie einwickeln und ca. 12 Stunden im Kühlschrank ruhen lassen.
4. Ausrollen und mit einem Ausstecher in Knochenform ausstechen. Mit einer Gabel einmal der Länge nach ganz durchstechen.
5. Im vorgeheizten Backofen bei 160 °C (Umluft) 20–30 min backen, danach bei leicht geöffneter Ofentür trocknen lassen. Die Backzeit hängt davon ab, ob man die Knochen etwas weicher oder härter haben möchte.

Ergibt ca. 35 Stück.

Alternative

- *Als Brühe können Sie die selbst gemachte Markknochenbrühe (siehe Seite 43) verwenden.*

Knusper**fischchen**

Zutaten

100 *g Seelachsfilet (am besten tiefgefroren und grätenfrei)*

1 *Ei mit Schale*

1 *EL Rapsöl*

1 *Handvoll gehackte Kräuter (Petersilie, Löwenzahn o. Ä.)*

250 *g Mehl*

Gesund und lecker...
Mit frisch gehackten Kräutern können Sie übrigens jedes der Rezepte in diesem Buch „aufpeppen". Aber egal, ob gekaufte bzw. selbst gezogene Kräuter wie Petersilie oder Basilikum oder Wildkräuter wie junger Löwenzahn: Setzen Sie sie immer in Maßen ein.

So geht's

1. Den Fisch auftauen und mit dem Pürierstab pürieren.
2. Das Ei in ein hohes Gefäß schlagen, die Schale dazugeben. Mit dem Pürierstab quirlen, bis die Schale ganz zerkleinert ist.
3. Fisch, Ei und die restlichen Zutaten gut vermischen (am besten mit den Händen gründlich durchkneten, siehe Tipp Seite 22).
4. Den Teig auf einer leicht bemehlten Fläche ausrollen und Fischförmchen ausstechen. Es gehen natürlich auch andere Formen, Fische sehen aber besonders hübsch aus und passen gut zu dieser Geschmacksrichtung.
5. Die Kekse im vorgeheizten Backofen (180 °C Umluft) ca. 10–15 min knackig backen.

Ergibt ca. 50 Stück.

Alternative

- *Natürlich können Sie auch andere Fischsorten verwenden – wichtig ist in erster Linie, dass der Fisch wirklich grätenfrei ist.*

Buchweizen-Kringel

Zutaten

200	*g Buchweizenmehl*
100	*g püriertes Fleisch (z. B. Babykostgläschen)*
1	*Ei*
30	*g Schmalz*

Gegen lästige Teighände
Der Teig klebt beim Kneten an den Händen? Wenn Sie Ihre Hände vorher mit etwas Wasser anfeuchten, bleibt er nicht zu sehr daran hängen.

So geht's

1. Alle Zutaten gut vermengen. Vorsicht, dass sich keine „Schmalznester" im Teig bilden, sondern alles homogen vermischt wird.
2. Teig in Klarsichtfolie einwickeln und mindestens 1 Stunde im Kühlschrank ruhen lassen.
3. Aus dem Teig nach und nach 4–6 Stücke abtrennen und zu wurstartigen Strängen rollen. Am besten geht es, wenn Sie die Arbeitsfläche mit etwas Semmelbröseln ausstreuen.
4. Von den Rollen jeweils ca. 1 cm breite Scheiben abschneiden und diese wiederum zu kleinen Strängen rollen.
5. Daraus dann Kringel formen und die beiden Enden übereinander drücken. Je nach Phantasie kann man aus dem Teig natürlich auch andere Gebilde formen, z. B. kleine Stängel, Brezeln, Zöpfchen etc.
6. Die Kringel im vorgeheizten Backofen bei 180 °C ca. 15 min backen (bis sie goldgelb sind).

Ergibt ca. 40 Stück.

Ob Kringel, Hörnchen oder Zöpfe – Ihrem Hund schmeckt's garantiert.

Spezial
Hundespaziergang

Alle Rezepte aus diesem Kapitel ergeben relativ harte Kekse. Deshalb lassen Sie sich gut transportieren und eignen sich besonders zum Mitnehmen auf Spaziergänge oder auch längere Ausflüge. In einem Beutel oder einer Frischhaltedose sind sie immer schnell griffbereit, egal, ob man eine längere Rast macht oder einfach mal ein Belohnungshäppchen für eine kleine Übungssession oder ein Suchspiel unterwegs braucht. Bevor Sie die Kekse ausstechen bzw. formen, überlegen Sie, welches mundgerechte Format am besten zu Ihrem Vierbeiner passt und wählen Sie entsprechende Ausstechergrößen bzw. schneiden Sie die Masse auf dem Backblech in entsprechend kleinere oder größere Vierecke.

Übungen für unterwegs

Je nachdem, ob Ihr Hund ein Einsteiger oder Profi in puncto Fährtenlesen ist, verstecken Sie einzelne Snacks vor seinen Augen oder „hinter seinem Rücken" und lassen Sie ihn dann suchen. Laubhaufen, Natursteinmauern, niedrige Astgabeln – Ihrer Fantasie sind hier keine Grenzen gesetzt und die meisten Hunde lieben solche Suchspiele!

Üben Sie ruhig auch einmal, einen leckeren Happen erst dann aufzunehmen, wenn Sie ihm das Kommando dazu geben! Dazu ist zwar – vor allem bei sehr verfressenen Vierbeinern – etwas Übung nötig, es kann in manchen Situationen aber wichtig sein, dass

Carlos liebt das Spiel „Fährtenlesen". Da kann garantiert auch Ihr Hund nicht widerstehen.

In welcher Hand ist das Leckerli? Such's ...

Auf die Plätze, ...

... fertig ...

Ihr Hund erst etwas frisst, wenn Sie ihm die Erlaubnis dazu gegeben haben.
Nicht alle Hunde lassen sich über Futter motivieren – aber viele! Gehört Ihr Hund auch dazu, so nutzen Sie Leckerlis ruhig dafür, ihm neue Tricks beizubringen. Wichtig ist nur, dass nicht jedes Mal eine Futterbelohnung erfolgt – schließlich soll Ihr Hund ja vor allem aus Freude an der Aufgabe mitarbeiten!
Vor allem, wen Ihr Hund zu Übergewicht neigt, sollten Sie Snacks und Leckerchen von der täglichen Futterration abziehen.
Vorsicht bitte auch, wenn Sie mit mehreren Hunden unterwegs sind: Futterneid kann zu ernsthaften Auseinandersetzungen führen! Bevor Sie Leckerbissen verteilen, lassen Sie die Hunde Sitz machen und setzen Sie sie nicht zu eng nebeneinander. Werfen Sie nach Möglichkeit die Futterstücke nicht einfach zu Boden, sondern reichen Sie den Hunden direkt. Beachten Sie dabei die Reihenfolge: Der Chef bekommt zuerst, der Rangniedrigste zuletzt.

... und genießen!

Leckere Happen
für zu Hause

Herzhafte **Grießpralinen**

Zutaten

150 *g Rinderherz*

150 *g Grieß*

150 *ml Fleischbrühe*

1 *Ei*

Ganz easy mit Silikonförmchen
Pralinenförmchen aus Silikon eigenen sich prima für die Grießpralinen.

So geht's

1. Grieß in die warme Brühe einrühren, ca. 10 min quellen lassen. Dabei immer wieder mit dem Schneebesen umrühren, um ein Verklumpen zu vermeiden.
2. Das Rinderherz pürieren und unter den Grießbrei mischen.
3. Das Ei trennen, Eigelb unterrühren.
4. Eiweiß steif schlagen und unterheben.
5. Die Masse in Backförmchen einfüllen und bei 160 °C (Umluft, vorgeheizt) ca. 15–20 min backen.

Ergibt ca. 20–30 Stück (je nach Größe der Förmchen).

Alternative

- *Als Brühe können Sie selbst gemachte Markknochenbrühe (siehe Seite 43) verwenden.*

Drücken Sie die Masse gut in die Förmchen, damit die Pralinen kompakt werden.

Geleewürfel

Zutaten

500	*ml Wasser*
1	*Markknochenscheibe*
150	*g Gelatine in Pulverform*
150	*g Rinderherz*

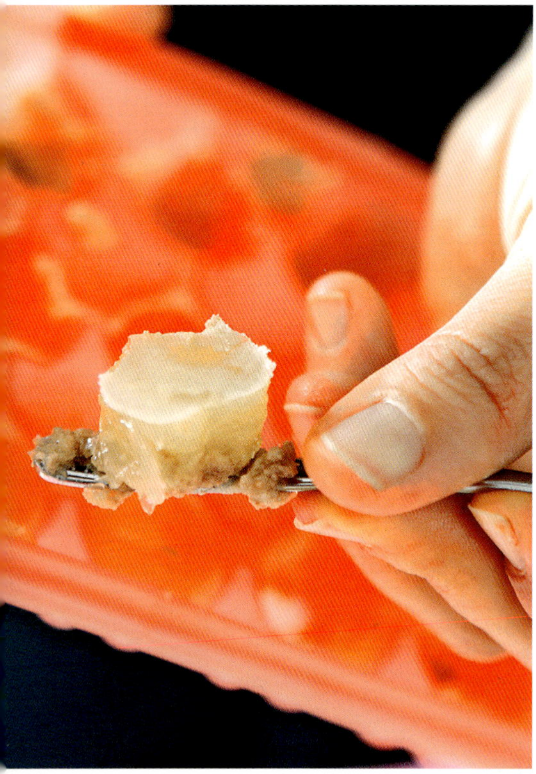

Am einfachsten lösen sich die Würfel aus der klassischen quadratischen Eiswürfelform.

So geht's

1. Den Knochen etwa 30 min im Wasser köcheln lassen, danach herausnehmen. Das Wasser nicht wegschütten!
2. Das Herz bzw. sonstiges Fleisch pürieren.
3. Das etwas abgekühlte Kochwasser zugeben und unter Rühren die Gelatine einrieseln lassen.
4. Alles nochmal gründlich rühren und anschließend in Eiswürfelbereiter einfüllen.
5. Kühl stellen, bis die Gelatine erstarrt ist.

Ergibt ca. 40 Stück mittlerer Größe.

Alternative

- *Statt den Rinderherzen können Sie natürlich auch jede andere Fleischsorte verwenden, je nach Vorliebe sogar etwas Leber.*

Schnauzengerechte Würfelgröße
Es gibt Eiswürfelbereiter in ganz unterschiedlichen Größen – wählen Sie für dieses Rezept die für Ihren Hund passende Größe aus!

Frischkäse-Klößchen

Zutaten

100 *g Hüttenkäse*

100 *g sahniger Frischkäse*

50 *g Butterschmalz*

1 *Eigelb*

50 *g Mehl*

1 *Msp. Backpulver*

100 *g Kichererbsenmehl*

1 *EL Rapsöl*

So geht's

1. Hüttenkäse, Frischkäse und Schmalz mit dem Rührgerät auf höchster Stufe zu einer geschmeidigen Creme verrühren, dann das Eigelb untermengen und gut weiterrühren.
2. Nach und nach die restlichen Zutaten zugeben.
3. Mit 2 Teelöffeln feste Bällchen formen und aufs (mit Backpapier ausgelegte) Backblech setzen.
4. Im vorgeheizten Backofen (180 °C Umluft) ca. 12 min backen.

Ergibt ca. 30 Stück.

Alternative

- *Den Snack können Sie auch mit 100 g Fleischpüree aufpeppen, entweder selbst püriert oder aus dem Babykostgläschen.*

Sollen die **Klößchen ein wenig größer werden? Zum Formen einfach statt Teelöffel zwei Esslöffel verwenden.**

Wölkchen

Zutaten

3	*Eiweiß*
180	*g Hühnerbrust*

So geht's

1. Den Backofen auf 90 °C (Umluft) vorheizen.
2. Die Hühnerbrust erst klein schneiden, dann pürieren.
3. Eiweiß steif schlagen, dann unter das pürierte Huhn heben.
4. Mit einer Spritztülle Häufchen in gewünschter Größe aufs Blech setzen und ca. 40 min backen.
5. Danach den Ofen ausschalten und die Wölkchen bei leicht geöffneter Ofentür austrocknen lassen.

Ergibt ca. 30 Stück mittlerer Größe.

Die Wölkchen trocknen auch gut in der Sonne – aber möglichst außer Reichweite Ihres Hundes!

Chicken-Happen

Zutaten

200 *g Mehl*

100 *g Dinkelflocken (kleinblättrig)*

1 *Ei*

120 *g Butter*

400 *g Hühnerfleisch*

Quadratisch, praktisch, ... lecker
Für dieses Rezept eignen sich Pralinenförmchen aus Silikon.

So geht's

1. Fleisch erst klein schneiden, dann pürieren.
2. Zusammen mit den anderen Zutaten zu einem Teig kneten.
3. Silikonformen damit füllen (Teig gut in die Form drücken) und im vorgeheizten Backofen (180 °C Umluft) ca. 20 min backen.

Ergibt ca. 60 Stück mittlerer Größe.

Alternative

- *Die Mehlsorten und die Flocken können Sie variieren. Wichtig ist, dass Sie kleinblättrige Flocken wählen, damit die Häppchen nicht zu grob werden. Statt der Butter eignet sich auch Schweineschmalz, hierbei reicht eine geringere Menge als Butter (für das obige Rezept ca. 80–90 g).*
- *Sie können natürlich auch eine andere Fleischsorte verwenden.*

Leber-Muffins

Zutaten

200	*g Leber*
200	*g Mehl*
2	*Eier*
2	*EL Rapsöl*

So geht's

1. Die Leber pürieren, Eier und Öl dazugeben und gut durchmixen, dann das gesiebte Mehl einrühren.

2. In Muffinförmchen füllen und im vorgeheizten Backofen bei 180 °C (Umluft) ca. 45 min backen.

Ergibt ca. 15 Stück mittlerer Größe.

Alternative

- *Mag Ihr Hund keine Leber, können Sie stattdessen auch Fleisch oder Fisch zu Muffins verarbeiten.*

Leberbrot auf Vorrat
Verdoppeln Sie die Menge der Zutaten und backen Sie den Teig in Kastenform. Dieses „Leberbrot" dann in Scheiben schneiden und portionsweise einfrieren.

Direkt nach dem Backen sind die Muffins besonders schön – später sinken sie etwas ein, was dem Geschmack aber keinen Abbruch tut.

Hirsebällchen

Zutaten

½ *Tasse Goldhirse*

1½ *Tassen Fleischbrühe*

2–3 *EL geraspelter Käse*

2 *EL Kartoffelmehl*

Glutenfreie Bällchen
Dieses Rezept eignet sich für Hunde, die empfindlich auf Gluten reagieren. Sowohl Hirse als auch Kartoffelmehl sind frei von Gluten. Hirse ist das älteste Getreide und reich an Mineralstoffen. Die nötigen „Klebeeigenschaften", um die Bällchen zusammenzuhalten, stammen von der Kartoffelstärke und dem Käse.

So geht's

1. Die Hirse in einem Haarsieb unter fließendem Wasser abwaschen, dann in der Brühe kochen (ca. 10–15 min).
2. Das Kartoffelmehl gut unterrühren, anschließend den Käse untermischen.
3. Zwischen den Handflächen feste Bällchen formen und auf dem Backblech bei 100 °C (Umluft, vorgeheizt) ca. 30 min trocknen lassen.

Ergibt ca. 20 Stück mittlerer Größe.

Alternative
- *Als Brühe können Sie selbst gemachte Markknochenbrühe (siehe Seite 43) verwenden.*

Spezial: Tipps und Tricks für die Snack-Küche

Haltbarkeit

Wichtig ist in diesem Zusammenhang der Feuchtigkeitsgehalt der Snacks: Je feuchter ein Lebensmittel ist, desto verderblicher ist es, denn Verderbniserreger gedeihen in der Regel in feuchter Umgebung besser als in trockener. Deshalb gilt als Faustregel: Feuchte Snacks nur im Kühlschrank aufbewahren und am besten innerhalb weniger Tage aufbrauchen. Die meisten der Snacks in diesem Buch lassen sich in Gefrierbeuteln gut einfrieren und können so auch auf Vorrat gebacken werden.

Eher trockene Snacks können Sie auch in einer gut verschlossenen Dose aufbewahren – allerdings nicht länger als ca. 1 Woche. Vor dem Einpacken müssen sie auf jeden Fall gut abkühlen und austrocknen, denn solange ein frisch gebackener Keks noch warm ist, gibt er auch noch Feuchtigkeit ab.

Pseudogetreide und glutenfreies Getreide

„Echte" Getreidesorten (Weizen, Dinkel etc.) lassen sich gut durch sogenanntes Pseudogetreide ersetzen. Dazu gehören Buchweizen, Amaranth und Quinoa. Diese Pseudogetreide-Arten sind glutenarm (Quinoa) bis glutenfrei (Buchweizen und Amaranth) und reich an Mineralien. Hirse, Mais und Reis zählen zwar nicht zu den Pseudogetreide, sind aber auch glutenfrei und vor allem Hirse ist zudem noch sehr mineralstoffreich. Hafer enthält hingegen Gluten, allerdings weniger als Weizen und Dinkel. Die Pseudogetreide sowie Hirse, Mais und Reis muss man gut kochen, damit sie verdaulich werden. Es gibt aber auch Flocken und Mehle dieser Sorten, sodass Sie auf eine breite Palette an glutenfreien Zutaten zum Backen und Kochen zurückgreifen können. Nicht alle sind in jedem Supermarkt zu bekommen, aber in gut sortierten Biomärkten oder

Die Snacks am besten plan ausgelegt gut trocknen lassen, bevor Sie sie einpacken.

Auch wenn es noch so gut schmeckt, neue Snacks zunächst nur in kleinen Mengen füttern.

Reformhäusern finden Sie eine große Auswahl. Immer, wenn in den Rezepten dieses Buches Mehl oder Flocken genannt werden, können Sie variieren, ausprobieren und sich für die Sorte entscheiden, die Ihrem Hund am besten schmeckt und die er am besten verträgt.

Selbst gemachte Markbrühe

Viele der Rezepte in diesem Buch beinhalten Brühe in der Zutatenliste. Statt aus gekauften Fertigbrühwürfeln kann man selbst eine Brühe aus Markknochen kochen, die für Hunde himmlisch schmeckt. Besorgen Sie sich an der Fleischertheke quer geschnittene Markknochenstücke und kochen Sie diese mindestens eine halbe Stunde in Wasser aus (ca. 500 ml Wasser pro Markknochenscheibe). Sie können auch noch etwas Suppengemüse wie Karotten und Knollensellerie zugeben. Dieser Sud lässt sich nach dem Abkühlen in Eiswürfelbereitern einfrieren und für alle Hundesnack-Rezepte benutzen, in denen Brühe verlangt wird. Natürlich können Sie die Markknochenbrühe auch jeweils frisch zubereiten. Hunde lieben diesen „Saft“ und lassen förmlich alles dafür stehen. Er verleiht vielen Rezepten einen für Hunde unwiderstehlichen Geschmack!

Einfrieren

Sie können die meisten Snacks auch auf Vorrat backen und in Zwei- bis Dreitagesrationen einfrieren. Selbst Teig können Sie auf Vorrat einfrieren, um dann schnell einmal ein paar Snacks backen zu können. Zum Einfrieren benutzen Sie am besten Gefrierbeutel.

Die selbst gemachte Markbrühe geht schnell und schmeckt Ihrem Hund garantiert.

Mit ein paar fleißigen Helfern ist ein Snack-Vorrat im Handumdrehen gebacken.

Für den **besonderen** Anlass

Hackfleisch-Päckchen

Zutaten

Für den Teig

230 *g Mehl*

20 *g Flocken (etwa Hirse-, Buchweizen- oder zarte Haferflocken)*

125 *g Butter*

1 *Ei*

Für die Füllung

300 *g Hackfleisch*

2 *EL Kichererbsenmehl*

1 *Ei*

1 *Möhre*

1 *Zweig Petersilie*

Zum Bestreichen

1 *Eiweiß*

So geht's

1. Für den Teig alle Zutaten zu einem glatten Teig verarbeiten, in Frischhaltefolie einwickeln und 30 min im Kühlschrank ruhen lassen.
2. Für die Füllung die Möhre raspeln und die Petersilie klein hacken. Mit den anderen Zutaten gut vermengen.
3. Den Teig auf einer bemehlten Fläche dünn ausrollen, mit dem Messer Quadrate von ca. 5 cm Kantenlänge schneiden.
4. Die Teigquadrate mit Eiweiß bestreichen und jeweils einen gehäuften Teelöffel Füllung in die Mitte setzen.
5. Die Ecken nach oben ziehen und den Teig gut an der Füllung festdrücken.
6. Die Ränder mit Eiweiß bestreichen.
7. Die Päckchen aufs Backblech setzen und im vorgeheizten Backofen (180 °C Umluft) ca. 25 min backen.

Ergibt ca. 25 Stück mittlerer Größe.
Je nach gewünschter Größe der Päckchen können Sie die Kantenlänge der Teigquadrate und die Füllmenge natürlich variieren.

Haferflocken-Lüngerl-Makronen

Zutaten

60	*g Butter*
100	*g kernige Haferflocken*
75	*g Mehl*
1	*Ei*
200	*g Kalbslunge (gefroren)*

So geht's

1. Die Haferflocken in der Butter kurz anrösten.
2. Das Ei schaumig schlagen, Mehl und Haferflocken mit dem Ei vermischen.
3. Die noch gefrorene Lunge in kleine Stückchen schneiden und alles gut miteinander mischen.
4. Mit dem Teelöffel kleine Häufchen aufs Backblech setzen und im vorgeheizten Ofen bei 200 °C (Umluft) 10 min backen, dann die Häufchen umdrehen und weitere 10 min backen.

Ergibt ca. 25–30 Stück mittlerer Größe.

Für Julienne riecht die gebackene Lunge nicht so verlockend – für Henry dafür umso mehr!

Hackfleisch-Törtchen

Zutaten

siehe Rezept **Hackfleisch-Päckchen**, *Seite 46*

Zum Bestreichen

1 *Ei (Eiweiß und Eigelb getrennt)*

Beim Verzieren der Mini-Törtchen sind Ihrer Phantasie keine Grenzen gesetzt!

So geht's

Aus den Zutaten für die Hackfleisch-Päckchen lassen sich auch leckere Hackfleisch-Törtchen für besondere Anlässe backen.

1. Mit dem dünn ausgerollten Teig eine Mini-Springform (12 cm Durchmesser) auslegen, der Teigrand sollte den Rand der Form um ca. 3 cm überlappen.
2. Die Hackfleischmasse bis gut zum oberen Drittel der Form einfüllen.
3. Nun den Teigrand wieder zurückschlagen und auf der Füllung andrücken.
4. Aus den Teigresten ein oder mehrere kleine Formen ausstechen (Sterne, Herzen o. Ä.) und mit etwas Eiweiß auf der Masse andrücken.
5. Sichtbaren Teig mit Eigelb bestreichen.
6. Im vorgeheizten Backofen (180 °C Umluft) ca. 30 min backen.

Pikante **Tarte**

Zutaten

Für den Teig

siehe Rezept **Hackfleisch-Päckchen**, *Seite 46*

Für die Füllung

1–2 *EL gewürfelte Rinderzunge*

Pro Tarte-Füllung

1 *Eigelb*

3 *EL Milch*

So geht's

1. Teig dünn ausrollen, eine kleine Tarte-Form damit auslegen, überstehenden Teig abschneiden.
2. Gewürfelte Zunge hineingeben.
3. Eigelb und Milch verquirlen und darübergießen.
4. Im vorgeheizten Backofen (180 °C Umluft) ca. 25 min backen.

Ergibt ca. 2 Stück.

Ideale Resteverwertung
Sollten Sie Reste der gewürfelten Zunge aus dem Rezept **Deftige Doppeldecker** von Seite 14 eingefroren haben, können Sie diese gut für die Tarte verwenden. Das gilt übrigens auch für den dort erwähnten gekochten Schinken.

Die rohe Rinderzunge zunächst in feine Scheiben schneiden, dann würfeln.

Schinken-Spinat-Rolle

Zutaten

2 *Eier*

250 *g Spinat (gehackt, tiefgefroren, ungewürzt)*

200 *g geriebener Käse*

200 *g Speisequark*

2–3 *Zweige Kräuter (Petersilie, Basilikum etc.)*

6 *Scheiben gekochter Schinken*

Einfach lecker
Schmeckt auch Herrchen und Frauchen!

So geht's

1. Die Eier gut mit dem Spinat vermischen und auf dem mit Backpapier ausgelegtem Backblech verteilen.
2. Den geriebenen Käse darüberstreuen und 20 min. bei 180 °C Ober- und Unterhitze backen.
3. Kurz abkühlen lassen.
4. Den mit klein gehackten Kräutern vermischten Quark auf die fest gewordene Masse streichen, den Schinken darauf verteilen.
5. Jetzt eine feste Rolle wickeln und in Alufolie einpacken.
6. Das ganze Paket in den Kühlschrank legen und dort ca. 8 Stunden ruhen lassen.
7. Die Rolle in Scheiben schneiden.

Ergibt je nach Dicke der Scheiben ca. 15 Stück.

Wickeln Sie die Rolle möglichst eng ein, damit die Scheiben später nicht auseinanderfallen.

Hirse-Röllchen

Zutaten

Für den Teig

75 *g Buchweizenmehl*

50 *g Hirseflocken*

60 *g Butter*

1 *Ei*

Für die Füllung

200 *g Rinderherz*

1 *kleine Karotte und Zucchini (jeweils); weiteres Gemüse nach Bedarf und Geschmack*

1 *Eiweiß*

So geht's

1. Für den Teig alle Zutaten verkneten und diesen ca. 30 min im Kühlschrank ruhen lassen.
2. Rinderherz und Gemüse in schmale Streifen von ca. 15 cm Länge schneiden.
3. Teig ausrollen und in Platten mit einer Kantenlänge von ca. 15 x 8 cm schneiden.
4. Übrige Teigreste neu kneten, ausrollen und in Platten schneiden.
5. Teigplatten mit Eiweiß bestreichen. Je einen Herzstreifen und 1–2 Gemüsestreifen auflegen und eng in den Teig einrollen. Das Teigende gut andrücken, eventuell noch mal mit Eiweiß bestreichen.
6. Nun Scheiben von ca. 2–3 cm von der Rolle abschneiden.
7. Die Röllchen bei ca. 160 °C (Umluft) im vorgeheizten Backofen für etwa 15 min backen.

Ergibt ca. 25 Stück.

Schnippeltipp
Schneiden Sie das Rinderherz der Länge nach – so werden die Streifen am längsten.

Waffeln

Zutaten

125	*g Butter*
3	*Eier*
250	*g Mehl*
2	*TL Backpulver*
100	*ml Milch*
100	*ml Fleischbrühe*

Leckeren Waffelherzen kann einfach niemand widerstehen!

So geht's

1. Alle Zutaten vermischen und kräftig rühren, bis keine Klümpchen mehr im Teig sind.
2. Das vorgeheizte Waffeleisen mit etwas Schmalz bestreichen und 2–3 EL Waffelteig in die Mitte setzen.
3. Waffeln backen bis sie goldgelb sind und dann einzeln auf einem Kuchengitter auskühlen lassen.

Ergibt ca. 8 Stück mittlerer Größe.

Alternative

- *Der Waffelteig kann mit etwas püriertem Fleisch und/oder Gemüsestückchen (je nach Geschmack Ihres Hundes) aufgepeppt werden.*
- *Als Brühe können Sie selbst gemachte Markknochenbrühe (siehe Seite 43) verwenden.*

Spezial
Hundegeburtstag

Kennen Sie eigentlich den Geburtstag Ihres Hundes oder wissen Sie nichts oder nur wenig über seine Herkunft, weil Sie ihn aus zweiter oder dritter Hand adoptiert haben? Eine Geburtstagsparty können Sie nicht nur feiern, wenn Ihr Hund eine Abstammungsurkunde hat – auch der Tag, an dem Sie ihn „adoptiert“ haben, ist ein guter Anlass, für ihn eine kleine oder größere Party zu geben.
Je nachdem, ob Ihr Hund gute vierbeinige Freunde hat oder zweibeinige Gesellschaft vorzieht, können Sie die Gästeliste gestalten.

Die Party kann beginnen!

Hundeparty – gut vorbereitet

Gelegenheiten, eine Hundeparty zu organisieren, gibt es viele: Am Geburtstag oder an dem Tag im Jahr, an dem Sie Ihren Hund bei sich aufgenommen haben. Aber auch zu anderen Anlässen oder einfach mal spontan können Sie „die besten Freunde“ des Vierbeiners mitsamt Herrchen und Frauchen einladen. Wer nicht bei sich zu Hause oder im eigenen Garten feiern kann bzw. möchte, verlegt die Hundeparty auf die Hundewiese oder einen anderen geeigneten Platz im Freien. Für die Vorbereitung wichtig: Alle „Gäste“ und der „Gastgeber“ sollten sich untereinander gut kennen und vertragen. Ist Ihr eigener Hund futterneidisch oder sind futterneidische Hunde unter den Gästen, sollten Sie die Party lieber ohne Snacks feiern und den Gästen stattdessen ein „Doggybag“ mit selbst zubereiteten Leckerbissen mit nach Hause geben.
Rezepte für Hundetörtchen, Tartes und andere leckere Snacks finden Sie in diesem Kapitel. Je nach Größe des Hundes/der Hunde können die Menge der Zutaten und die Größe der Snacks variiert werden.
Alle Rezepte aus Kapitel Snacks to go eigenen sich auch super, um kleine „Give-aways“ für die vierbeinigen Gäste zu packen. Backen Sie etwa eine Variation von drei oder vier Kekssorten und verpacken Sie sie hübsch in kleinen Schächtelchen (ausgelegt mit Sei-

Über so hübsch eingepackte Doggybags freut sich jeder Gast – ob Zwei- oder Vierbeiner!

Auch ohne **Geburtstag zu haben, freut sich Anton über so ein „herziges" Leckerli.**

denpapier) oder in durchsichtigen Zellophan-Tüten, verschlossen mit bunten Bändern.

In gut sortierten Haushaltswaren-Geschäften gibt es eine riesige Auswahl an Ausstechern, mit denen Sie originelle Kekse formen können.

Auch Hundetorten lassen sich mit hübsch ausgestochenen Teigstücken verzieren. Legen Sie diese entweder vor dem Backen auf die Torte oder fügen Sie sie während des Backens hinzu (je nach angegebener Backdauer).

Eine Hundetorte im Mini-Format ist auch ein hübsches Mitbringsel, wenn Sie in einen „Hunde-Haushalt" eingeladen sind.

In jedem Fall sollten Sie sich vorab beim Besitzer erkundigen, ob eventuelle Allergien oder Unverträglichkeiten gegen bestimmte Nahrungsmittel vorliegen.

Die meisten **Snacks lassen sich schon gut ein paar Tage vor der Party backen.**

Service

Die in diesem Buch enthaltenen Empfehlungen und Angaben sind von der Autorin mit größter Sorgfalt zusammengestellt und geprüft worden. Eine Garantie für die Richtigkeit der Angaben kann jedoch nicht gegeben werden. Autorin und Verlag übernehmen keinerlei Haftung für Schäden und Unfälle. Der Leser sollte bei der Anwendung der in diesem Buch enthaltenen Empfehlungen sein persönliches Urteilsvermögen einsetzen.

Buchtipps

- Bauer, Lina: Blitzrezepte für Hundekekse. Gesunde Leckereien selber backen. Verlag Eugen Ulmer, 2013
- Laukner, Anna: Hunde füttern. Einfach – lecker – gesund. Verlag Eugen Ulmer, 2006
- Zentek, Jürgen: Hunde richtig füttern. Verlag Eugen Ulmer, 2012

Dank

Ein herzlicher Dank geht an alle vierbeinigen Test-Fresser (Lucy, Cara, Falk, Carlos, Lela, Marcee, Manni und die Patienten der Tierarztpraxis Dres. Pflanz in Schmiden) sowie an die vier- und zweibeinigen Models (Vierbeiner: Henry, Falk, Buddy, Anton, Carlos, Charlotte , Funny, Susi, Charlie, Krimi und Stella; Zweibeiner: Lhamo, Julienne, Chiara, Finja, Frank und Fritz). Danke auch an Kathrin Hofheinz für die Assistenz beim Foto-Shooting. Ihr wart toll!

Bildnachweis

Alle Fotos im Innenteil und auf dem Umschlag stammen von Silke Klewitz-Seemann.

Impressum

Bibliografische Information der Deutschen Nationalbibliothek
Die Deutsche Nationalbibliothek verzeichnet diese Publikation in der Deutschen Nationalbibliografie; detaillierte bibliografische Daten sind im Internet über http://dnb.d-nb.de abrufbar.

Hinweis: Der Verlag Eugen Ulmer ist nicht verantwortlich für die Inhalte der im Buch genannten Websites.

Wollgrasweg 41, 70599 Stuttgart (Hohenheim)
E-Mail: info@ulmer.de
Internet: www.ulmer.de

Lektorat: Gabi Franz, Kathrin Gutmann
Herstellung: Ulla Stammel
Umschlagentwurf und Innenlayout: Sojus Design, Kai Twelbeck
Satz: r&p digitale medien, Echterdingen
Reproduktionen: timeRay, Herrenberg
Druck und Bindung: Litotipigrafia Alcione, Lavis.
Printed in Italy.

ISBN 978-3-8001-6973-3

Wichtiger Hinweis:
Die Angaben in diesem Buch erfolgten nach bestem Wissen und Gewissen. Da die Reaktion von Hunden auf Nahrungsmittel jedoch individuell verschieden sein kann, ist darauf zu achten, ob Anzeichen für eine mögliche Unverträglichkeit auftreten.